「d-book」
交番電磁界下における諸効果

森澤　一榮　著

denkishoin online

[BOOKS | BOARD | MEMBERS | LINK]

電気工学の知識ベース

http://euclid.d-book.co.jp/

電気書院

目　次

1　ヒステリシス損

- 1・1　ヒステリシス・ループ …………………………………………………… 1
- 1・2　強磁性体内に磁界を作るに要するエネルギー ………………………… 2
- 1・3　ヒステリシス・ループ面積とヒステリシス損 ………………………… 3

2　磁気余効　　　　　　　　　　　　　　　　　　　　　　　　　　5

3　誘電体損

- 3・1　誘電体損 ……………………………………………………………………… 7
- 3・2　不完全なコンデンサの等価回路 ………………………………………… 7
- 3・3　複素誘電率 …………………………………………………………………… 9

4　交番磁界による渦電流損

- 4・1　渦電流損の一般式 ………………………………………………………… 11
- 4・2　磁束が正弦変化する場合の公式 ………………………………………… 12
- 4・3　磁束正弦変化の場合の渦電流損の求め方（別法）…………………… 13
- 4・4　渦電流損は波形率に無関係である．…………………………………… 14

5　表皮効果

- 5・1　電流の表皮効果 …………………………………………………………… 15
- 5・2　磁気表皮作用 ……………………………………………………………… 16

6　近接効果および撚合効果など

- 6・1　近接効果 …………………………………………………………………… 17
- 6・2　撚合効果 …………………………………………………………………… 17
- 6・3　高周波実効抵抗 …………………………………………………………… 17
- 6・4　その他の効果 ……………………………………………………………… 18
- 問題の答 ………………………………………………………………………… 18

1 ヒステリシス損

1・1 ヒステリシス*・ループ

完全に消磁した強磁性体に磁化力Hを加えると磁性体内部の磁束密度Bは図1・1の点線0bのような曲線に沿って増加し，H_mなる磁化力に対しB_mなる磁束密度が対応する．つぎにb点から磁化力を減少してゆくと磁束密度は上昇時のように急激な割合では変化せず，図のbdefのような曲線に沿って減少してくる．

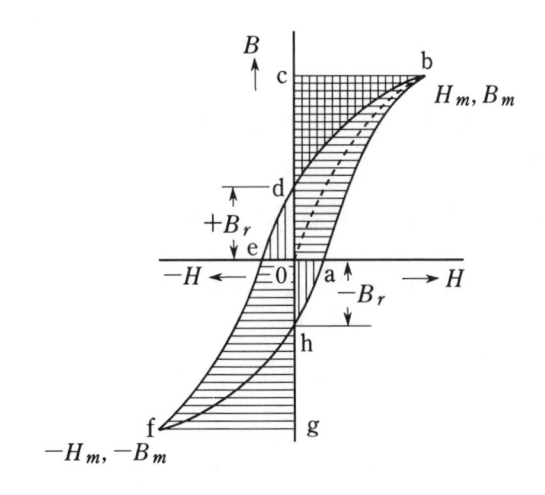

図1・1

そうして磁化力Hが0になっても$0d=B_r$なる値の磁束密度が残る．これが**残留磁束密度**である．磁束密度を0にする（消磁する）には逆方向に0eなる磁化力を与える必要がある．これが**保磁力**といわれるものである．

さてf点から磁化力を再び増加すると今度は fhab のような曲線をたどって磁束密度が変化する．

これが周知のヒステリシス・ループ（hysteresis loop）あるいはヒステリシス曲線（hysteresis curve）とよばれるものである．つぎにこのループとエネルギーの関係を調べよう．

残留磁束密度
保磁力

ヒステリシス・ループ

---

* ギリシャ語の「遅れ」からきた語といわれ，2量間の非可逆性を示し主量の変化に対し随伴量の遅れから生ずるものである．

1·2 強磁性体内に磁界を作るに要するエネルギー

図1·2のような鉄心に巻数Nなる励磁巻線を施してこれを励磁する場合を考えよう．この鉄心の磁路の平均長はl〔m〕，有効断面積をS〔m²〕，有効容積をV〔m³〕とする．

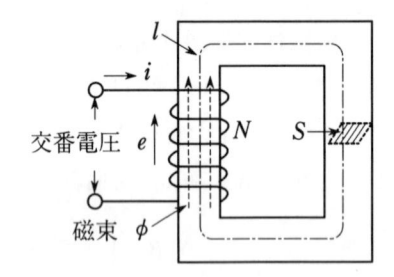

図1·2

励磁巻線に電流iを通じて鉄心を励磁すると巻線には反抗起電力eが発生して電流変化を阻止するように作用する．このとき外部電源から与えるべきエネルギー（仕事量）をdw〔J〕，鉄心内有効磁束をϕ〔Wb〕とすると

$$dw = eidt = N\frac{d\phi}{dt}idt \quad \text{〔J〕} \tag{1·1}$$

全仕事量

を得る．そうして1サイクル中（周期；T）の全仕事量はつぎのようになる．

$$W = \int_0^T N\frac{d\phi}{dt}idt \quad \text{〔J〕} \tag{1·2}$$

ところで　　$iN/l = H$,　$BS = \phi$,　$lS = V$

であるから，これを上式に入れれば，

$$W = V\int_0^T H\frac{dB}{dt}dt = V\int_{-B_m}^{+B_m} HdB \quad \text{〔J〕} \tag{1·3}$$

が得られ，単位容積あたりについてはつぎのようになる．

$$w = \frac{W}{V} = \int_0^T H\frac{dB}{dt}dt = \int_{-B_m}^{+B_m} HdB \quad \text{〔J/m³/サイクル〕} \tag{1·4}$$

仕事量

これが強磁性体を磁化するのに要する単位容積あたりのエネルギー，つまり，磁束密度を$-B_m$から$+B_m$（もっと一般化すればB_1からB_2）に増加するときに要する単位容積あたりのエネルギー（仕事量）を示す式である．

さて，これらの関係式が，ヒステリシス曲線においてどんな意義を有するか，これをつぎに調べてみよう．

1・3 ヒステリシス・ループ面積と ヒステリシス損

ヒステリシス損

結論をさきにいえば $\int_{-B_m}^{+B_m} HdB$ は $\pm B_m$ なる最大磁束密度を持つようなヒステリシス・ループの面積に等しいのである．そうして，鉄心内で1サイクルの間に消費されるエネルギー（損失）つまり，毎サイクルの**ヒステリシス損**となるわけである．

これを証明するにはつぎのように分けて考えるとよい．**図1・1**において磁束密度を0より$+B_m$に増加する間に

$$w_1 = \int_0^{+B_m} HdB \quad (\text{ab曲線に沿って}) = (\text{面積 0abc}) \tag{1・5}$$

$+B_m$より0に減ずる間に

$$w_2 = \int_{+B_m}^0 HdB \quad (\text{bde曲線に沿って}) = \int_{+B_m}^{+B_r} HdB + \int_{+B_r}^0 HdB$$

$$= -\int_{+B_r}^{+B_m} HdB + \int_{+B_r}^0 HdB = -(\text{面積 bcd}) + (\text{面積 de0}) \tag{1・6}$$

0より$-B_m$に変化する間には

$$w_3 = \int_0^{-B_m} HdB \,(\text{ef曲線に沿って}) = \int_{-B_m}^0 (-H)dB = (\text{面積 0efg}) \tag{1・7}$$

$-B_m$より0に減少する間に

$$w_4 = \int_{-B_m}^0 HdB \quad (\text{fha曲線に沿って})$$

$$= \int_{-B_m}^{-B_r} HdB + \int_{-B_r}^0 HdB = -\int_{-B_m}^{-B_r} (-H)dB + \int_{-B_r}^0 HdB \tag{1・8}$$

$$= -(\text{面積 fgh}) + (\text{面積 ha0})$$

したがって1サイクルの変化に要するエネルギーは

$$w = w_1 + w_2 + w_3 + w_4 = \int_{-B_m}^{+B_m} HdB$$

$$= (\text{面積 0abc}) - (\text{面積 bcd}) + (\text{面積 de0})$$

$$+ (\text{面積 0efg}) - (\text{面積 fgh}) + (\text{面積 ha0})$$

$$= (\text{ヒステリシス・ループの面積})$$

このように，周期的に磁束密度を変化した場合には1サイクルごとにこれだけのエネルギーを要するものなのである．

ところで，1サイクルの変化の始めと終わりとにおいては，磁束密度および磁化力はまったく同じであるから保有磁気エネルギーの量に変わりのあり得べきはずはな

いのであるから，前述した，1サイクルの変化に要したエネルギーは結局は，この1サイクルの変化をなす間に消費されてしまったもの，いいかえれば，これが，このような交番磁化力を強磁性体内に与える場合の毎サイクルの**ヒステリシス損失**となるものなのである．すなわち

（ヒステリシス損）＝（ヒステリシス・ループの面積）〔J/m³/サイクル〕

なお，これらの結果はヒステリシス・ループが**図1・1**のように対称の場合のほか，非対称的なループをなす場合に対しても成り立つ関係である．

ヒステリシス
　　　損失

2 磁気余効

強磁性体に交番磁化力Hを加えてその周波数をしだいに高めてゆくと磁性体内の磁束密度Bはしだいに減少し，また磁界密度の位相は印加外部磁界のそれに対してしだいに遅れてくるようになる．したがって一般に**透磁率**B/Hは複素数と考えねばならないようになってくるものである．この効果は

$$\text{透磁率}\quad \mu = \mu' - j\mu''$$

または　**帯磁率***　$\kappa = \kappa' - j\kappa''$　　　　ただし$\mu = \mu_0 + \kappa$

を用いて論じることができる．

帯磁率κの実数部κ'は周波数とともにしだいに減少するが，虚数部κ''はある一定の周波数において極大となる．これは強磁性体に交番起磁力を与えて調べられる．あるいはまた静磁界を与えておいてこれを瞬間的に変化させて，その時刻から後の磁束密度の時間的変化を追求し，緩和時間を求める静的な測定法もある．このような静的な測定法で得られる緩和時間と交流測定で得られる損失角，すなわち印加磁化力と磁束密度の間の位相角との間には一定の関係がある．これらのことは誘電体の場合もまったく同様である．

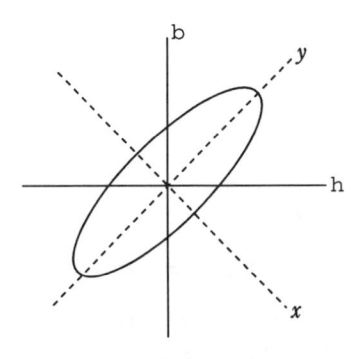

図2・1

飽和現象を一応無視すると**強磁性体のヒステリシス曲線**はだいたい楕円をモデルとして考えることができるものである（図2・1）．そこで印加磁化力Hとそれによる磁束密度Bがつぎのような準定常関係を有する場合を考えるとHとBの関係は楕円ヒステリシスを有することをつぎに調べよう．

$$\left.\begin{array}{l} H = H_m \cos \omega t \\ B = B_m \cos(\omega t - \theta_h) \end{array}\right\} \quad (2\cdot1)$$

ここにH_m, B_mは最大値，θ_hは**ヒステリシス角**である．

これらの二つの式から次式が得られる．

$$\beta^2 - 2\beta\eta\cos\theta_h + \eta^2 = \sin^2\theta_h \quad (2\cdot2)$$

---

* 帯磁率；磁化率ともいい，磁化の強さJと磁界の強さHとの比J/H，なおμ_0は真空の透磁率である．

2 磁気余効

ここに $\beta = B/B_m$, $\eta = H/H_m$

さらに，ここで

$$\eta = (x+y)\frac{1}{\sqrt{2}} \qquad \beta = (x-y)\frac{1}{\sqrt{2}} \tag{2·3}$$

なる *変換を施すことによって上式から

$$x^2(1-\cos\theta_h) + y^2(1+\cos\theta_h) = \sin^2\theta_h$$

あるいは

$$\frac{x^2}{\left(\dfrac{\sin\theta_h}{\sqrt{1-\cos\theta_h}}\right)^2} + \frac{y^2}{\left(\dfrac{\sin\theta_h}{\sqrt{1+\cos\theta_h}}\right)^2} = 1 \tag{2·4}$$

という関係が得られる．

これは楕円を示す式であってこの楕円の面積 σ は

$$\sigma = \pi\left(\frac{\sin\theta_h}{\sqrt{1-\cos\theta_h}}\right)\left(\frac{\sin\theta_h}{\sqrt{1+\cos\theta_h}}\right) = \pi\sin\theta_h \tag{2·5}$$

となる．(2·2)(2·3)式を参照すると H-B 平面における代置楕円の面積 S はつぎのようになる．

$$S = \sigma H_m B_m = \pi H_m B_m \sin\theta_h \tag{2·6}$$

ヒステリシス角 これよりヒステリシス角 θ_h は H-B 平面におけるヒステリシス曲線の面積を測り上式を用いて求められる．

さて複素表示を用いて (2·1) 式を表すと

$$H = R_e H, \quad B = R_e B$$

$$H = H_m \varepsilon^{j\omega t}, \quad B = B_m \varepsilon^{j(\omega t - \theta_h)} \tag{2·7}$$

時間に関係ない表現として

$$\mu = \frac{\mathbf{B}}{\mathbf{H}} = \frac{B_m}{H_m}\varepsilon^{-j\theta_h} \tag{2·8}$$

複素透磁率 が得られる．これが**複素透磁率**である．与えられたヒステリシス曲線から複素透磁率を求めるには，ヒステリシス曲線の面積を測って θ_h を，また B_m と H_m から μ をそれぞれ計算すればよいわけである．

誘電余効 複素透磁率の考え方を用いて強磁性体中のヒステリシス現象と不完全誘電体中における**誘電余効**との間でいろいろの相似性を論ずることができるので誘電余効のこ
誘電ヒステリシス とをしばしば**誘電ヒステリシス**という．逆に磁気余効（これはしばしば弱い磁場において観察される）を複素透磁率の考え方を用いて論ずることができるものである．

3　誘電体損

3・1　誘電体損

<small>誘電体
弾性体</small>

誘電体に交番電圧を印加すると，その誘電体は交番的なストレスと変位を受けるとされている．もし誘電体が完全に電気的に弾性体であれば，一つのサイクルの全期間においてエネルギーの損失はないはずである．つまり電圧が増加している期間に誘電体中にたくわえられたエネルギーは電圧の減少している期間に全部返還されるはずである．

しかし実際には誘電体（固体，液体いずれの誘電体であるを問わず）は電気的に完全な弾性体として作用することは不可能であって，印加電圧の一部は誘電体の分子摩擦や粘性摩擦にうちかつために消費されてしまう．摩擦に対してなされた仕事は返還されないで熱となってしまうのである．

<small>誘電
ヒステリシス</small>

この現象はある意味では磁気ヒステリシス現象に似ているので**誘電ヒステリシス**（dielectric hysteresis）ということがある．しかし現象そのものは磁気ヒステリシスとかなり違うものである．また1サイクルごとに失われるエネルギーは，印加電圧の2乗に比例するものである．

理想的でない一般のコンデンサは放電に際してこれに与えられたエネルギーの全量を放出しない．放電後いくらかの時間が経過した後さらにわずかの放電が行われる．

<small>誘電吸収
不完全な
コンデンサ</small>

この現象は**誘電吸収**（dielectric absorption）といわれている．

このような理想的でない不完全なコンデンサはしばしば理想的つまり完全なコンデンサの両端に抵抗を並列にしたもので等価的に代置することが多い．

この並列抵抗の値 R はその中の I^2R 損失が与えられたコンデンサの全損失と等しくなるように選定する．この場合，不完全なコンデンサの中を通る電流は理想的なコンデンサのなかを通る（進相）成分と，電圧に同相な損失成分の両者からなると考えるのである．つぎにこの等価回路について考えてみよう．

3・2　不完全なコンデンサの等価回路

理想的でないコンデンサは**図3・1**(a)のように完全なコンデンサに並列に抵抗を接続したもので代置することができる．

3 誘電体損

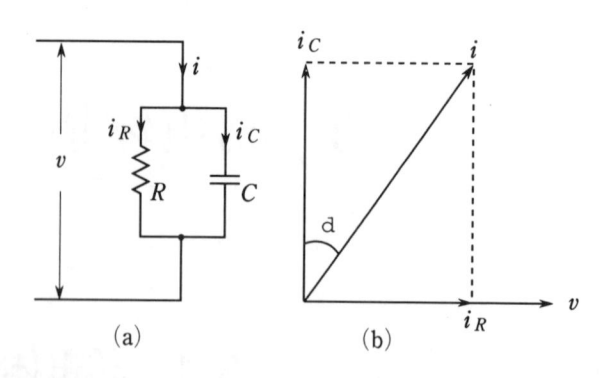

図3·1

絶縁抵抗 抵抗の中で消費されるパワーは v^2/R であってこれは熱に変換される．絶縁抵抗を交流で測定すると直流で測定した場合よりも少なくなる．これは同じ電圧として考えると，損失は増加することになる．したがって交流の場合には絶縁抵抗のほかに**誘電体損失** 別の損失源があるわけでこれが**誘電体損失**なのである．しかしこれらの損失は一般に区別することなく全体としてコンデンサの損失として考えているものである．

損失角 図(b)は図(a)のベクトル図で角 δ は**損失角**といわれて誘電体損失の目安になるわけである．

ベクトル図より明らかなようにつぎの関係が得られる．

$$\tan\delta = i_R/i_C = 1/\omega CR \tag{3·1}$$

この δ は一般に温度や周波数によって変化する．
また誘電体損失は次式で与えられる．

$$P_a = vi_R = vi_C\tan\delta = \omega Cv^2\tan\delta \tag{3·2}$$

図3·2は別の等価回路であって抵抗 $\overline{R}$ とキャパシタンス $\overline{C}$ の直列回路で，これを図3·1の等価回路と比較することにより，$1/R$ を G とおいて

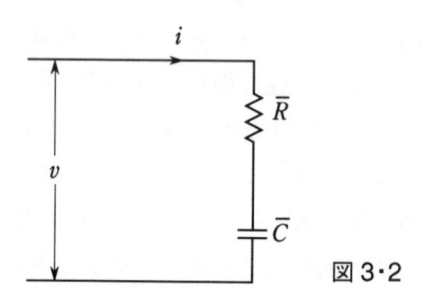

図3·2

$$i = v(G + j\omega\overline{C}) = \frac{v}{\overline{R} + \dfrac{1}{j\omega\overline{C}}}$$

これより，次式が得られる．

$$\overline{R} = \frac{G}{G^2 + \omega^2 C^2} \tag{3·3}$$

$$\overline{C} = G\left(1 + \frac{C^2}{\omega^2 C^2}\right) \tag{3·4}$$

一般に G は非常に小さいから上の式はつぎのような近似式で与えられる．

$$\overline{R} = G/\omega^2 C^2 \tag{3·5}$$

$$\overline{C} = C \tag{3·6}$$

〔問3・1〕誘電体損について説明し，かつ誘電体損の多少を比較する数値として$\sin\delta$を用いないで$\tan\delta$を用いる理由を述べよ．

〔問3・2〕$\tan\delta$はいずれの目的で測定するかを述べ，かつ，その測定方法の一つについて原理を説明せよ．

3・3　複素誘電率

固体誘電体の大部分のように双極分子をふくむ誘電体では吸収現象を伴ない，交番電圧印加のもとでは誘電体損失を生ずるので，電圧，電流のベクトル図は図3・3のようになる．この図で

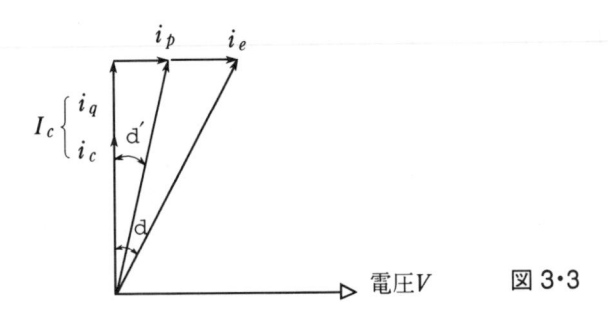

図3・3

i_c；吸収現象の存在しない場合の充電電流
i_q；吸収現象のための充電電流増加分
i_p；損失分に相当する電流
i_e；純導電電流

である．

したがって吸収現象およびわずかの導電性のために，交流で実測できるみかけの誘電率，導電度が増加しているかのように働いているわけである．このとき、みかけの静電容量をC, $\omega=2\pi f$, i_p に対する等価コンダクタンスをG', 幾何学的静電容量；試料の誘電率が1のときの静電容量をC_0とすると

$$\varepsilon = \frac{C}{C_0} \qquad \tan\delta' = \frac{G'}{\omega C}$$

$$\therefore \varepsilon'' = \varepsilon' \tan\delta' = \frac{G'}{\omega C_0} \qquad \left(\frac{\varepsilon''}{\varepsilon'} = \tan\delta'\right)$$

とすれば，ε''は周波数またはωの関数となり，一般化された誘電率として　$\varepsilon = \varepsilon' - j\varepsilon''$とおくことができる．この$\varepsilon$のことを**複素誘電率**という．

この定義からわかるように，これは誘電体の理論を扱うのに都合がよい表し方であり，誘電特性を論ずる際の重要な係数となっている．

Cole-Cole氏そのほかの研究によると

ε_0；$\omega=0$のときε

ε_∞；$\omega=\infty$のときε

τ；係数

とするときつぎの関係があるといわれている．

$$\frac{\varepsilon - \varepsilon_\infty}{\varepsilon_0 - \varepsilon_\infty} = \frac{1}{1+(j\omega\tau)^\beta}$$

ここに　$0 < \beta \leq 1$

Cole-Cole 円弧則　この式の周波数変化に対する軌跡は円弧となるので，Cole-Cole円弧則といわれている．

なお，交流での導電度 ρ は直流での導電度を ρ_d とすると　$\rho = \rho_d + f(\varepsilon'')$　であって，i_e に対する等価コンダクタンス G から計算されるものは，みかけの ε'' でこれを ε_{ap}'' と書けば $\varepsilon_{ap}'' = \varepsilon'' + f(\rho_d, \omega)$ である．

〔問3・3〕つぎの術語について簡単に説明せよ．
　　複素誘電率

4　交番磁界による渦電流損*

4·1　渦電流損の一般式

渦電流

　交番磁界内の導体には電磁誘導起電力が生じ，このため導体内を渦形の通路に沿って**渦電流**が通ずるが，成層された鉄心内においても例外ではない．ところで成層した方向に直角に磁束が交番する場合の成層鉄板内における誘導起電力によって鉄板内に通ずる渦電流のようすは**図4·1**のようである．

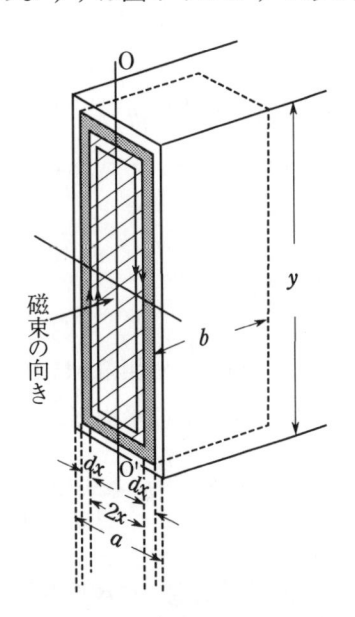

図4·1

　すなわち，渦電流のすべてが鉄心断面の中心線OO'の両側において，厚さaの1/2の縦断面を通じて交番するものと考えられる．いまOO'中心線の中点を原点にとり，

素渦電流通路

これよりxだけ離れたところに一つの**素渦電流通路**を想定すると深さbなる筒状の帯リング（1巻きのコイルと考えられる渦電流素線）の切口が考えられよう**．

　さて，素渦電流通路で囲まれた斜線を施した部分の切口面積は$2xy$であるから（実はyよりいくらか短いがその差を無視する），磁束密度の瞬時値をB〔Wb/m²〕とすれば，この面積内の磁束は$2xyB$〔Wb〕である．したがって磁束がdB/dtの割合で変化するときには，この面積を囲む素渦電流通路に沿っての電磁誘導起電力eは次式のようになる．

---

*　以下，4～5各章で示される事柄は，電流，磁束などをベクトル解析表示して，あるいはMaxwellの電磁基礎方程式にもどって，各分布を解析し，ベッセル関数などによる解など，および，実験結果により結論づけられたものであると承知されたい．紙数の関係でこれらの事情の記述には至らなかった．それぞれ専門書によられたい．

**　長さの単位には〔m〕をとり，面積，容積に応じて〔m²〕，〔m³〕を採用してゆく．

$$e = 2xy \frac{dB}{dt} \quad [\text{V}]$$

渦電流損 そうしてこの起電力 e は，渦電流を生じ，それによる電圧降下とつり合わなければならない．またこのために抵抗損を生ずる．これが**渦電流損**であるが，いまこれを求めるため，まず先ほどの筒状のもの（渦電流素線）の抵抗を求めてみる．素線の長さは $2y$（上下の幅の部分は考えない），面積は深さ b で厚さが dx であるから bdx，そこで抵抗率を $\rho\,[\Omega\cdot\text{m}]$ とすれば，渦電流素線の抵抗は $\rho \times 2y/bdx$ とおけることになる．

いま，渦電流素線における電流を i とすれば次式が成り立つ．（ただしリアクタンスは抵抗に比し小さいので無視する）．

$$2xy\frac{dB}{dt} = i \times \rho \frac{2y}{bdx} = 2i\rho\frac{y}{bdx}$$

$$\therefore i = \frac{bxdx}{\rho} \cdot \frac{dB}{dt} \quad [\text{A}]$$

したがって，この素線内の抵抗損（瞬時値）は

$$i^2 \times \rho\frac{2y}{bdx} = \frac{x^2}{\rho} 2ybdx \left(\frac{dB}{dt}\right)^2 \quad [\text{W}]$$

抵抗損瞬時値 この式で $2ybdx$ は対象としている渦電流通路の容積であるから，単位容積についての抵抗損瞬時値は

$$\frac{x^2}{\rho}\left(\frac{dB}{dt}\right)^2 \quad [\text{W/m}^3]$$

となる．これは中心線 OO' から距離 x における値であるから，B は鉄板内のどこでも同一と仮定して，鉄板全断面の平均をとれば

$$p_e = \frac{1}{\frac{a}{2}} \int_0^{\frac{a}{2}} \frac{x^2}{\rho}\left(\frac{dB}{dt}\right)^2 dx = \frac{a^2}{12\rho}\left(\frac{dB}{dt}\right)^2 \quad [\text{W/m}^3]$$

これは全鉄板内の平均損失電力の瞬時値を示し，われわれのいう電力とはこの値の一周期 T の間の平均値であるから，これを P_e とすれば

$$P_e = \frac{1}{T}\int_0^T p_e dt = \frac{a^2}{12\rho} \times \frac{1}{T}\int_0^T \left(\frac{dB}{dt}\right)^2 dt \quad [\text{W/m}^3] \qquad (4\cdot1)$$

渦電流損 これが渦電流損を表す電力の一般式である．

4·2 磁束が正弦変化する場合の公式

いま磁束変化は正弦波とし，その最大値を B_m とすれば，

$$B = B_m \sin\omega t$$

$$\frac{dB}{dt} = \omega B_m \cos\omega t$$

$$\therefore \quad \frac{1}{T}\int_0^T \left(\frac{dB}{dt}\right)^2 dt = \frac{\omega^2 B_m^2}{T}\int_0^T \cos^2\omega t\, dt$$

$$= \frac{\omega^2 B_m^2}{2T}\int_0^T (1-\cos 2\omega t)dt = \frac{\omega^2 B_m^2}{2} 2\pi^2 f^2 B_m^2$$

渦電流損 したがって磁束が正弦変化するときの渦電流損は

$$P_e = \frac{a^2}{12\rho}\times 2\pi^2 f^2 B_m^2 = \frac{\pi^2}{6}\cdot\frac{1}{\rho}a^2 f^2 B_m^2 \quad [\text{W/m}^3] \tag{4·2}$$

長さに〔cm〕,抵抗率 ρ に〔Ω/cm³〕,磁束密度に〔マクスウェル/cm²〕*,〔ガウス〕をとれば,

$$P_e = \frac{\pi^2}{6}\cdot\frac{1}{\rho}a^2 f^2 B_m^2 \times 10^{-16} \quad [\text{W/cm}^3] \tag{4·3}$$

変圧器渦電流損の公式 となる.これが変圧器渦電流損の公式としてよく引用されている公式である.

4·3 磁束正弦変化の場合の渦電流損の求め方(別法)

図4·1の筒状のものの誘起起電力は,変圧器の誘導起電力の公式 $E = \sqrt{2}\pi f n A B_m$ ($\sqrt{2}\pi = 4.44$, A;鉄心有効断面積)で $n=1$, $A=2xy$ とすればよく,ここではCGS単位とし,B_m には〔ガウス〕を用いれば

$$e = \sqrt{2}\pi f \times 2xy B_m \times 10^{-8}$$

すると渦電流素線の抵抗を r とすれば,抵抗損 dPe は $d(e^2/r)$ となり,抵抗率 ρ には〔Ω/cm³〕をとって

$$dP_e = \frac{\left(\sqrt{2}\pi f\times 2xy B_m\times 10^{-8}\right)^2}{\rho\dfrac{2y}{bdx}} = \frac{4}{\rho}\pi^2 bx^2 y dx f^2 B_m^2 \times 10^{-16}$$

このような筒状のものが「入れ子」に無数にあると考えると,総損失は

$$P_e = \int_0^{\frac{a}{2}} \frac{4}{\rho}\pi^2 bx^2 y f^2 B_m^2 dx\times 10^{-16}$$

$$= \frac{4}{\rho}\pi^2 byf^2 B_m^2\left[\frac{x^2}{3}\right]_0^{\frac{a}{2}}\times 10^{-16}$$

$$= \frac{\pi^2}{6}\cdot\frac{1}{\rho}bya^3 f^2 B_m^2\times 10^{-16}$$

$$= \frac{\pi^2}{6}\cdot\frac{1}{\rho}a^2 f^2 B_m^2\cdot v\times 10^{-16}\ [\text{W}] \tag{4·4}$$

ただし $v = aby$;$a/2$ に対する鉄の容積

となって単位容積あたりでは(4·3)式と同一結果を得る.

---

* 10^8〔マクスウェル〕= 1〔Wb〕,10^8〔マクスウェル/cm²〕= 10^8〔ガウス〕,〔Wb/m²〕= 10^8〔マクスウェル/(10^2cm)²〕= 10^4〔マクスウェル/cm²〕= 10^4〔ガウス〕

4·4　渦電流損は波形率に無関係である．

　変圧器の誘導起電力の瞬時値 e は鉄心を貫通する磁束，すなわち（有効断面積）× B の変化の速さに比例し，ここでは，B はどこでも同じと考えているから，結局のところ dB/dt に比例することになる．すなわち

$$e = k\frac{dB}{dt} \qquad \therefore \frac{dB}{dt} = k'e$$

ここに k, k'；比例定数

これを $(4·1)$ 式に入れれば

$$p_e = K\frac{1}{T}\int_0^T e^2 dt \quad (K；定数)$$

しかるに

$$\frac{1}{T}\int_0^T e^2 dt = 〔起電力の実効値(E)〕^2$$

であるから，結論的には，一定周波数のもとにおける変圧器の渦電流損電力は

$$P_e = KE^2 \tag{4·5}$$

となって，波形率には無関係となる．$(4·2)(4·3)(4·4)$ 式のみを注視し，B_m^2 に比例するとのみ考え，波形率に関係するように誤解しやすいので注意されたい．$(4·2)(4·3)(4·4)$ 式は磁束が正弦変化するときに限られるのである．

　なお，いままでは各素渦電流通路のリアクタンスは無視し，また鉄心内各部の磁束密度に差異を生じることも無視したのであるが，これらは実際上大きな誤差を生じないと考えてよいものである．

5 表皮効果

5·1 電流の表皮効果

表皮効果　**表皮効果**（skin effect）とは，電流が導体の表面に，また磁束が磁性体の表面に密集して内部では密度が少なくなる効果をいう．この作用は周波数が高くなるほど，導体の断面積が大となるほど，また導電率が大となるほど著しいものである．

かなりの断面を有する導線あるいは板状の導体などに交流が通ずるとき，この導体内の電流分布が均等なものと仮定しよう．そこでこの導体を断面積の等しい無数の細線に分割して考えると，各細線はその電流および抵抗が等しく抵抗による電圧降下は同じであるが，図5·1からわかるように各細線と磁束との鎖交数は中央部のものほど大となり*，インダクタンスしたがってリアクタンスによる電圧降下は中央部の細線ほど大となろう．その結果，インピーダンス降下は中央部の細線ほど大となる．

インピーダンス降下

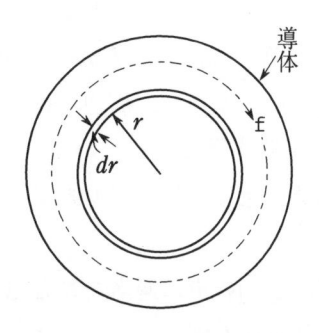

図5·1

しかし，導体を無数の細線に分けて考えるというのも考え方の一手法に過ぎず，実際にはすべてが結合して一導体となっているものであるから，各細線のインピーダンス降下が一致しないということはあり得ないはずである．そこで，当然の結果として，電流はリアクタンスの小なる外側つまり導体の表面の近くに集まり，内側の細線のインピーダンス降下を減じ，同時に外側の細線の電圧降下を増して，導体各部の電圧降下を内外側ともに均等となるように分布しなければならないはずである．

以上のような理由によって，一般に，導体に交流が通ずるときには，電流密度が中央部におけるよりも，その表面に近くなる方が大となる傾向をとるものである．

---

*　半径の部分の dr で生ずる磁束は，それより内部の導体とは明らかに鎖交している．しかし円周部分においては，その磁束と r より円周部分に至るまでに存在する磁束とは鎖交していない．すなわち，導体の内部磁束の鎖交が大でありしたがってインダクタンスが大である．

5　表皮効果

表皮効果｜このような効果，作用を**表皮効果**（作用）（skin effect）というのである．

　そうして，表皮効果は導体の断面積が大なるほど，周波数が大なるほど，導体の抵抗率が小なるほど，また，導体が強磁性体で導体自身の体内の磁束が多いときほど，大きな効果として現れるものである．

　要するに表皮効果は電流が導体の表面に集中しようとするものであるから，結局のところ導体の電流通過に対する有効断面積が減少したのとなんら変わりがない．その結果はある定められた導体の抵抗は静的な電流，つまり直流に対する抵抗に比べ，交流通電時には等価的に抵抗が大となったときと同じで，表皮効果を考えに入皮相抵抗｜れた場合は**皮相抵抗**といっているようである．

　この表皮効果を考慮した皮相抵抗は，周波数が大なるほど増し，これに反して，電流と磁束との平均鎖交数は減少し，インダクタンスは周波数が大なるほど，いく分減少する傾向がある．また，電流，透磁率が大なるほど大きくなる傾向を有するものである．

5・2　磁気表皮作用

　相当の断面積の棒状や板状の磁性体に，その長さの方向に交番起磁力を加えると逆起磁力｜き，その磁性体の内部に渦電流が発生すれば，これによる逆起磁力が生じ*，その大きさは中央部ほど大となり，たとえ加えられた起磁力が断面に関し均等な場合でも，有効起磁力は周辺に近くなるにしたがって大となり，その結果として磁束密度は断面積について一様ではなくなり，周辺に近くなるほど大となるわけである．

磁気表皮作用｜　この現象を**磁気表皮作用**といっている．この効果は，同じ物であっても周波数の高いほど，実効磁気抵抗は増加するものである．

〔問5・1〕つぎの□□の中に適当な答を記入せよ．

（a）導体に高周波電流が流れているとき，導体内部の□□は均一にならない．この□□は内部に至るほど□□く，かつ，交流□□の大きいほど著しい．これを導体の□□効果という．

（b）交流電流が導体に流れるとき，電流は□□に集まる傾向をもち，この傾向は□□が□□なるほど著しい．この現象を□□といい，これによって導体の実効抵抗は，直流に対する値より□□なる．

＊　変圧器の二次負荷電流による起磁力と同様と考えられたい．変圧器の場合は一次負荷電流の流入で補償されるが，渦電流によるものは補償されないわけである．

6 近接効果および撚合効果など

6・1 近接効果

近接効果　　電流の通ずるほかの導体が近接してあるために生ずる実効抵抗の増加が近接効果（proximity effect）で，下記の成因が考えられる．

往復並行線　　(1) 往復並行線では互に逆方向電流が通ずるため電流は相互距離を増す側に集まろうとする．巻線では，同方向電流が通ずるため電流は相互近接側に集まろうとする．

同一往復線　　(2) 一方，同一往復線でも，両導体断面の両線の相互距離の増すほど多くの磁束と鎖交し，逆起電力が増し，電流は減じようとする．巻線の隣接コイルでは近接側ほど多くの磁束と鎖交し逆起電力が大きく電流は減じようとする．

(3) (1)と(2)はちょうど相反する効果で，直流では(1)の方が優勢であるが，周波数が高くなると(2)の方が，はるかに優勢となって交流実効抵抗が著しく増加する．これを**近接効果**といっている．

巻線　　(4) 巻線全体について考えると，巻線の中央部は両側の導線の磁束が互に打ち消してコイルを切る漏れ磁束は少ないが，両端部では漏れ磁束が多くなり，このため著しく渦電流を生じ実効抵抗を増加する．この対策として中央部を密に端部を疎に巻くことなどが行われるが，十分には補償されない．

6・2 撚合効果

撚合効果（spirality effect）は導体として，より線（stranded wire）を用いるとき，導線をより合わせるが，このために生ずる交流実効抵抗増加をいう．

さて，この効果は(1) より線の素線の巻回ピッチのきわめて荒い細長いコイルと見なし得ること，(2) より線の表面は素線のため凹凸を生じ，このため表皮電流の通路が長くなることなどのために生ずると考えられている．

6・3 高周波実効抵抗

高周波実効抵抗　　**高周波実効抵抗**は，(a) 導体が帰線より遠い場合にも，また，単独にある場合にも生ずる表皮効果により起こる増加，(b) 帰線が近接するとか，巻線とするためによる

近接作用によるための増加，(c)導体としてより線を用いるときの撚合効果のため増加，以上三つの効果の和として一般に表される．

高周波抵抗 このように表皮，近接，撚合3効果が重なって高周波抵抗は直流抵抗の何倍という大きさになるものである．

高周波実効抵抗の小さい導線としては(1)より線（表皮，近接両効果は減ずるが撚合効果が増し，必ずしも良好とはいわれていない），(2)リッツ線（3^n本式により合わせた線），(3)コード（布織のひものように作った線），が実用されているが，良さの順序は(1)より(2)が，(2)より(3)が良いとされている．しかし占積率での減点，コストの低下からいえば，順序はむしろ逆であるとされている．

6·4　その他の効果

放射抵抗　(1) 高周波になると電磁波の放射抵抗が増し，この方がより大きくなり得る．

(2) 付近に二次回路と見なさるべき導体が存在するときはつねに抵抗損が存在し実効抵抗が増加したのと等価である．導体が鉄とか鉛被とかに囲まれ，あるいは支持される場合が，この条件に相当する．

(3) 導体が鉄で囲まれるとき（たとえば電気機械の電機子など）は，変化する強磁界内にあることにより，比較的低周波でも表皮効果の影響が大きい．

> 注：超高周波，極超高周波では著しく放射抵抗を増すので，主導体をしゃへい導体で包むことなどが行われる．また，これ以上の考察には，導波管とか立体回路，電磁しゃへいの理論を，ベッセル関数そのほかの特殊関数を駆使して扱わなければならないので，これらは最近の電磁波工学，通信工学などの専門書にゆずり，すべてを省略することにする．

[問題の答]

〔問3·1〕〔問3·2〕〔問3·3〕本文参照
〔問5·1〕(a) 電流密度（電力損失密度），密度，小ささ，周波数，表皮．
　　　　(b) 表面（導体表面），周波数，高く，表皮効果（表皮作用），大きく．

索 引

英字
Cole-Cole 円弧則 10

ア行
インピーダンス降下 15
渦電流 11
渦電流損 12, 13
往復並行線 17

カ行
逆起磁力 16
強磁性体のヒステリシス曲線 5
近接効果 17
高周波実効抵抗 17
高周波抵抗 17

サ行
残留磁束密度 1
磁気表皮作用 16
仕事量 2
絶縁抵抗 8
全仕事量 2
素渦電流通路 11
損失角 8

タ行
帯磁率 5
弾性体 7
抵抗損瞬時値 12
透磁率 5
同一往復線 17

ハ行
ヒステリシス・ループ 1
ヒステリシス角 5, 6
ヒステリシス損 3
ヒステリシス損失 4

（右列）
皮相抵抗 16
表皮効果 15
不完全なコンデンサ 7
複素透磁率 6
複素誘電率 9
変圧器渦電流損の公式 13
変圧器の渦電流損 14
保磁力 1
放射抵抗 18

マ行
巻線 17

ヤ行
誘電ヒステリシス 6, 7
誘電吸収 7
誘電体 7
誘電体損失 8
誘電余効 6

d - book
交番電磁界下における諸効果

2000年4月25日　第1版第1刷発行

著　者　森澤一榮
発行者　田中久米四郎
発行所　株式会社　電気書院
　　　　（〒151-0063）
　　　　東京都渋谷区富ケ谷二丁目2-17
　　　　電話　03-3481-5101（代表）
　　　　FAX　03-3481-5414
制　作　久美株式会社
　　　　（〒604-8214）
　　　　京都市中京区新町通り錦小路上ル
　　　　電話　075-251-7121（代表）
　　　　FAX　075-251-7133

印刷所　創栄印刷株式会社
©2000 kazue Morisawa　　　　　　　　　　Printed in Japan
ISBN4-485-42926-1　　　　［乱丁・落丁本はお取り替えいたします］

〈日本複写権センター非委託出版物〉

　本書の無断複写は，著作権法上での例外を除き，禁じられています．
　本書は，日本複写権センターへ複写権の委託をしておりません．
　本書を複写される場合は，すでに日本複写権センターと包括契約をされている方も，電気書院京都支社（075-221-7881）複写係へご連絡いただき，当社の許諾を得て下さい．